BEI GRIN MACHT SICH IHR WISSEN BEZAHLT

- Wir veröffentlichen Ihre Hausarbeit, Bachelor- und Masterarbeit

- Ihr eigenes eBook und Buch - weltweit in allen wichtigen Shops

- Verdienen Sie an jedem Verkauf

Jetzt bei www.GRIN.com hochladen und kostenlos publizieren

Bibliografische Information der Deutschen Nationalbibliothek:

Die Deutsche Bibliothek verzeichnet diese Publikation in der Deutschen National-
bibliografie; detaillierte bibliografische Daten sind im Internet über http://dnb.d-
nb.de/ abrufbar.

Impressum:

Copyright © 2015 GRIN Verlag, Open Publishing GmbH
Druck und Bindung: Books on Demand GmbH, Norderstedt Germany
ISBN: 978-3-668-06861-2

Dieses Buch bei GRIN:

http://www.grin.com/de/e-book/307277/physische-geographie-ein-ueberblick-ueber-
bodenkunde-klimatologie-und

Sabrina Bichler

Physische Geographie. Ein Überblick über Bodenkunde, Klimatologie und Vegetationsgeographie

GRIN Verlag

Inhaltsverzeichnis

Minerale – Baustoff der Gesteine

Aufbau der Erde

Kruste: 5 – 80 km mächtig, vorwiegend aus festen magmatischen und metamorphen Gestein,
      schwimmt auf Mantel
Mantel: ~ 2850 km mächtige Schale aus mineralischen Substanzen v.a. mafische Silikate
Kern: innen fest, außen flüssig, besteht v.a. aus Eisen und etwas Nickel

- Ungefähr 90 % der Erde bestehen aus nur 4 Elementen (Eisen Fe, Sauerstoff O, Silicium Si, Magnesium Mg)
- 2000 Mineralarten bekannt, von denen ~ 50 gesteinsbildend auftreten

Entstehung von Mineralen

- Minerale entstehen bei der Abkühlung magmatischer Schmelze
- Durch die druck- u. temperaturgesteuerte Umwandlung vorhandener Gesteine (wenn diese in große Tiefe versenkt werden)
- Durch Kristallisationsprozesse

➢ Bei Mineralen unterscheidet man nach dem Aufbau:
    kistallin: geordnete, sich immer wiederholende Anordnung der Atome
    Amorph: gestaltlos, glasig

➢ Wichtigste gesteinsbildende Minerale sind die Silikate.

Silikate

Aufgebaut aus den häufigsten Elementen der Erdkruste: Sauerstoff und Silizium in Form **von SiO_4-Tetraedern**

Unterscheidung der SiO_4-Tetraeder nach räumlicher Anordnung und Verknüpfung:

- Inselsilikate (z.B. Olivin = Hauptbestandteil des oberen Erdmantels)
- Gruppensilikate
- Ringsilikate
- Kettensilikate
- Bandsilikate
- Schichtsilikate
- Gerüstsilikate

Primäre Silikate

- <u>Zweischichttonminerale:</u>
  Grundgerüst aus regelmäßiger Abfolge
  1er Tetraeder- u. 1er Oktaederschicht

- <u>Dreischichttonminerale:</u>
- Grundgerüst aus 2 tetraederschichten, die eine Oktaederschicht umschließt

Sekundäre Silikate

➢ Weitere gesteinsbildende Minerale:

- Carbonate: meist Verbindung von Calcium oder Magnesium mit Kohlenstoff und Sauerstoff
- Oxide: Verbindung von Sauerstoff und einem Metall als Kation
- Sulfide: Verbindung zwischen Sulfid-Ion und Metallen als Kation
- Sulfate: Verbindung zwischen Sulfat-Ion und Metallen als Kation

Physikalische Eigenschaften von Mineralien:

- Härte (Härteskala nach Mohs, von Talk als weichstem bis Diamant als härtestem Mineral)
- Spaltbarkeit (Brechen durch mechanische Einwirkung entlang ebener Flächen)
- Bruch
- Glanz (Art, wie die Flächen eines Minerals Licht reflektieren)
- Farbe
- Stichfarbe
- Spezifisches Gewicht und Dichte
- Kristallform

Gesteine

1. Magmatisches Gestein: Magmatit

Gesteinsbildender Prozess:

Durch Kristallisation (Erstarrung einer Gesteinsschmelze)

EFFUSIVGESTEINE entstehen, wenn Magma an der Erdoberfläche austritt und dort **rasch** zu
Asche oder Lava erstarrt -> bilden nur sehr kleine Kristalle -> Gestein ist feinkörnig (Basalt)
oder besitzen glasige Grundmasse. Beispiele: Basalt, Andesit, Dacit
= **Vulkanite**

Zusammensetzung:
Häufig auftretende Minerale sind z.B. Quarz, Feldspat, Foide, Pyroxene, Olivin, Amphibole,
Magnetit und andere Oxide

INTRUSIVGESTEINE entstehen, wenn tief in der Erdkruste geschmolzenes Gesteinsmaterial in
das Nebengestein eindringt und dort erstarrt. -> durch langsame Abkühlung -> kommt es zur
Ausbildung eines grobkristallinen Gesteins Beispiele: Granit, Diorit, Gabbro
 = **Plutonite**

2. Sedimentgesteine

Gesteinsbildender Prozess:

durch Sedimentation, Versenkung und Diaenese (Druck u. Temp. Bis ~ 300°C, 10-12 km
Versenkungstiefe) wird aus lockerem Sediment ein Sedimentgestein

- **Sedimente** entstehen durch **Sedimentation**, also Ablagerung von Material an Land
  und im Meer
- **Sedimente** entstehen im Zusammenhang mit Verwitterung- Umlagerungs- und
  Biogenprozesse an der Erdoberfläche. -> **Sedimentgestein** = verfestigt
- Entsteht auch durch Absterben oder Ausscheidungen von Organismen
- Sobald das Transportvermögen von Wasser, Eis oder Wind nachlässt, wird
  Abtragungsschutt (von Hochgebirge in Senke verfrachtet) als **Sediment** abgelagert
- Sedimentgesteine können Magmatite, Plutonite, Vulkanite als auch Metamorphite
  sein
- Mit bloßen Augen erkennbare Schichten die in Festgesteinen plattenförmige
  Gesteinskörper sind
- **Sedimentgesteine** sind gekennzeichnet durch eine Schichtung, die die
  Sedimentationsbedingungen zur Zeit der Ablagerung wiederspiegeln
  (Materialwechsel, Korngrößenänderung...)

Bei Sedimentgesteinen aus gröbere Partikeln unterscheidet man zwischen:

Konglomerat (Grobpartikel gerundete Gerölle)
Breccie (Grobpartikel kantik

Klastische Sedimente:

- Bestehen aus Gesteinstrümmer unterschiedlicher Größe
- Korngrößenzusammensetzung ist wichtigste Charakteristik
- Man unterscheidet bei unverfestigten Sedimenten **Tone**, **Schluffe**, **Sande**, **Kiese** und **Schutt**.
- Durch Verfestigung werden Tone zu Tonsteinen, Schluffe zu Schluffsteinen und Sande zu Sandsteinen. -> Verfestigung ist Teilprozess der Diagenese

Nichtklastische Sedimente:

- Sedimentgestein aus chemischen/biogenen Ablagerungen, die durch Ausfällung aus Lösungen entstanden (z.B. Karbonte, Gibs, Steinsalz)
- Wichtiges nichtklastisches Sedimentgestein ist Kalkstein -> enthält Calciumcarbonat
- Kalkstein entsteht durch Ablagerung kalkiger Skelett- u. Schalenresten oder durch anorganische Ausfällung aus Lösungen

- ➢ **Chemische Sedimente**
  - Entstehen durch die Fällung gelöster Stoffe aus übersättigten Lösungen. (Eindampfung, Erhöhung der Wassertemperatur

- ➢ **Biogene Sedimente**
  - Werden durch Aktivitäten lebender Organismen wie auch aus Resten von toten Organismen gebildet.

3. Metamorphit

Gesteinsbildender Prozess:

Rekristallisation neuer Minerale in festem Zustand

- 3. Gesteinsgruppe
- Entsteht durch Veränderung bereits existierender Erstarrungs- oder Sedimentgesteine unter dem Einfluss von hohem Druck und/oder hoher Temperatur
- Bei tektonischer Senkungsbewegung können Gesteine, die vorher nahe an der Erdoberfläche waren, in große Tiefen gelangen, wo hohe Temp. herrschen.
- Minerale des ursprünglichen Gesteins werden instabil
- Metamorphose setzt aber bereits unterhalb des Schmelzpunkt ein (ab ~ 300°)

- ➢ <u>Regionalmetamorphose: (Gebirgsbildung, tektonischen Deformation/Plattentektonik):</u> (Tonschiefer, Pyllit, Glimmerschiefer, Gneise) weisen ein orientiertes Gefüge (Schieferung) auf, das unabhängig von der Schichtung ist.
- ➢ <u>Kontaktmetamorphose (im Kontaktbereich von Magmenintrusionen):</u> Kontaktmetamorphe Gesteine /(z. B. Quarzit, Marmor) weisen meist ein richtungsloses, körniges Gefüge auf.

Orthogesteine: aus magmatischem Gestein
Paragesteine: aus Sedimentgesteinen

Einfluss der endogenen Dynamik auf das Relief der Erdoberfläche

- Wichtig für Gesteinsbildung -> Magmatite, Metamorphite
- Steuern Makro u. Megarelief

Hypothesen zur Entstehung von Makrostrukturen

- Kontraktionshypothese
- Geosynklinalhypothese
- Kontinentalverschiebungstheorie (Alfred Wegener) -> Vorläufer der modernen
  Plattentektonik -> Bacon 1620 erkannte Passform der atlantischen Küstenlinien

  - Parallelen in geologischen Strukturen, Gesteine und Fossilien an beiden Seiten des Ozeans,
  durch den Zerfall eines Großkontinents Pangäa (z.B. in Südamerika und Afrika die gleichen
  Fossilien

  ABER: Antriebskraft der Bewegung war unbekannt

  Entdeckung des **sea-floor-spreading**: Tatsache, dass der basaltische Tiefseeboden an den
  Mittozeanrücken durch aufsteigende Lava gebildet wird und sich von dort nach beiden Seiten
  ausbreitet.

Plattentektonik

- Kontinente verschieben sich nicht direkt, sondern mit Lithosphärenplatte
- Lithosphärenplatte umfasst auch Ozeanböden
- An mittelozeanischen Rücken wird durch Sea-floor-spreading ozeanische Kruste gebildet, die an
  Subduktionszonen wieder verschwindet.
  Unterteilung der Kruste:
  - ozeanische Kruste: 5 km, SiO_2-arm, basisch (v.a. Basalt & Gabbro) -> dicht
  - kontinentale Kruste: bis 65 km, SiO_2-reich, sauer (v.a. Granit) -> weniger dicht
  Oberer Bereich des Erdmantel + Kruste = Lithosphäre   darunter liegt die Asthenosphäre
  => Lithosphäre schwimmt auf der plastischen, zähflüssigen und noch dichteren
  Astenospäre
- Lithosphäre zerbricht in einzelne Lithosphärenplatten, die sich angetrieben von
  Konvektionsströmungen in der Asthenosphäre völlig unabhängig voneinander bewegen

Bewegung der Lithosphärenplatten: 3 Typen

Divergierende Lithosphärenplatten: Platten bewegen sich auseinander

- Meist in Form mittelozeanischer Rücken, z.B. mittelatlantischer Rücken
- Magma füllt Raum zwischen den auseinander driftenden Platten verbunden mit Erdbebentätigkeiten und Vulkanismus
- Konstruktiv, da neuer Ozeanboden entsteht
- Z. B. Ostafrika, San Andreas Verwerfung

Konvergierende Lithosphärenplatten: Platten kollidieren

- Destruktiv, hier wird Krustenmaterial recycled
  1. Ozean-Kontinent-Kollision:
  Subduktion der dichteren ozeanischen Kruste unter kontinentale Kruste -> Bildung am Rand von Kontinenten Tiefseerinnen, Vulkangürteln u/o. aus sauren bis intermediären Laven und Erdbeben
  2. Ozean-Ozean-Kollision:
  Subduktion ozeanischer Kruste unter ozeanischer Kruste -> Bildung von Tiefseerinnen (z.B. Mariannengraben), von vulkanischen Inselbögen aus basischen und intermediären Laven und Erbeben
  3. Kontinent-Kontinent-Kollision:
  Keine Subduktion kontinentaler Kruste unter kontinentaler Kruste möglich, Zerscherung in zahlreiche Deckeneinheiten; Aufschiebungen, Überschiebungen und Faltung führen zu einer Verdickung der kontinentalen Kruste isostatischer Hebung und damit Entstehung von Gebirgen

Transformstörung:

- Lithosphärenplatten gleiten aneinander vorbei (keine Bildung und Zerstörung von Krustenmaterial
- Hier entstehen oft Erdbeben

Erdbeben

- 7 großen Platten:

  Nordamerikanische und Südamerikanische Platte
  Eurasische Platte und Afrikanische Platte
  Australische Platte und Pazifische Platte

- Folge von Erdbeben am Meeresgrund -> Tsunami

Magmatismus

- Magmatische Erscheinungen sind oft mit plattentektonischen Vorgängen verknüpft
- Auftreten von aktiven Vulkanen auf der Erde
- 80 % der aktiven Vulkane an konvergierende Plattengrenzen
- 15 % der aktiven Vulkane an divergierende Plattengrenzen
- 5 % der aktiven Vulkane liegen vor in Form von Intraplattenvulkanismus

Intraplattenvulkanismus (Hot Spot Vulkanismus)

- o Lithosphärenplatten bewegen sich über lagestabile „Hot Spots" im oberen Mantel mit einer erheblichen Wärmeentwicklung hinweg
- o Beispiel : Hawaii-Archipel, Yellowstone
- Hauptlieferbereich liegt im oberen Mantel 75-250 km tief, ca. 1100°
- Lava = ausfließende Gesteinsschmelze an der Erdoberfläche
- Lava ≠ Magma: da auf dem Weg durch die Kruste chemische Bestandteile aufgenommen bzw. abgegeben werden und an der Oberfläche leichtflüchtige (gasförmige) Bestandtele freigesetzt werden.
- Vulkanische Gebirgszüge → „andine" Gebirgsbildung (Anden, Cascades)

<u>Magma:</u>

- Füllt zunächst Magmakammer auf -> ist sie gefüllt -> Entladung in Form einer Vulkan-Eruption
- Explosive oder effusive Ausbruch
- Je nach chem. Zusammensetzung, Gasgehalt und Temperatur der Lava entstehen untersch. Vulkantypen:
  - **basaltische Lava** (SiO_2-arm) = **dünnflüssig und schnell** (bis 100km/h) bildet z.B. Plateaubasalte
  - **rhyolithische Lava** (SiO_2-reich) = **zähflüssig und langsam** (ca. 5-10 km/h)
- Je niedriger die Temp. desto dünflüssiger die Lava
- Gasreiche Lava ist explosiv, gasarme Lava effusiv

Pyroklastische Ablagerungen:

Explosionsartig freigesetzte vulkanische Förderprodukte

Lahare:

Schlammströme in Verbindung mit Vulkanausbrüchen (Eis, Schnee, NS, Grundwasser, Kraterseen) z. B. Mount St. Helens

Schildvulkan: Entstehen bei einem weiten Ausbreiten dünnflüssiger, basischer Lava. Dien Einzelnen Lavaströme können sich übereinander stapeln, so dass eine breite, schildförmige, zur Mitte ansteigende Erhebung entsteht.

Stratovulkan: aus effusiv ausströmenden Laven und explosiv geförderten Lockerstoffen aufgebaut. Im Idealfall kegelförmig. Z. B. Vesuv

Caldera:

- Ital. Kessel
- Vulkanische Hohlform, entweder durch explosive Eruption als Sprengtrichter oder durch Einsturz des Vulkangipfels in die nach einer Eruption entleerte Magmakammer entstanden.

<u>Spät und postvulkanische Erscheinungen: Exhalationen (Austritt von Gasen)</u>
Fumarolen (Austritt von Wasserdampf) (H_2O) 250 – 800 °,
Solfataren (Enthalten neben Wasserdampf Schwefelverbindungen (H_2S) 100-250°
Mofetten (CO_2 tritt aus) <100°

Plutone:
- Magmenkörper, die in bereits bestehende Gestein eingedrungen, dort erstarrt und später durch Hebung und/oder Abtragung an die heutige Oberfläche gelangt sind.
  - <u>Batholith:</u> diskordante Intrusiva z. B. Sierra Nevada
  - <u>Stock:</u> diskordante Intrusiva z. B. Harz, Granitintrusion Bayerischer Wald
  - <u>Lagergang (Sill):</u> konkordante, d.h. parallel zur Schichtung verlaufende, tafelförmige Intrusiva
  - <u>Gesteinsgang (Dike):</u> diskordant zur Schichtung verlaufende, tafelförmige Intrusiva

Durch Hebung und/oder Erosion können solche Intrusionen freigelegt werden und stehen dann an der Erdoberfläche an.

„alpidische" Orogenese bei Kontinent-Kontinent-Kollision

- Keine Subduktion kontinentaler Kruste unter kontinentale Kruste möglich (Dichte zu gering)
- Gewaltige Stauchungen
- Zerscherung der Sedimentpakete in zahlreiche Deckeneinheiten
- Gesteinsmethamorphse
- Aufschiebungen, Überschiebungen und Faltung führen zu Verdickung der kontinentalen Kruste
- Isostatische Hebungen

<u>**Isostasie:**</u>
Kontinentale und ozeanische Lithosphäre schwimmen mit unterschiedlichen Dichten und Mächtigkeiten wie Eisberge auf dem dichteren, aber plastischen Mantel.
Da kontinentale Lithosphäre dicker und leichter ist als ozeanische -> kontinentale ragt höher über Asthenosphäre hinaus, bildet also die Kontinente. Ozeanische bildet Ozeanböden

- Beispiele: Faltengebirgsgürtel Eurasiens: **Alpen** (Kollision der Afrikanischen mit eurasischen Platte, **Himalaya**: Kollision indischen Subkontinent mit eurasischer Platte)
- Großteil der Hochgebirge der Erde gehören zu Falten-bzw. Deckengebirge

Block- und Bruchtektonik

- Bewegung von kleinräumigen Bruchschollen **(nicht Lithosphärenplatten!!!)** wegen tektonischer Beanspruchung.
- Bewegungen, die an konsolidierten Teilen der Erdkruste ansetzen und die Kruste in Schollen zerbrechen.
- Voraussetzung ist spröder Untergrund der nicht verfaltet werden kann.
- 4 Grundformen:
  <u>Abschiebung</u> (2 oder mehrere Teilschollen werden jeweils gegeneinander bewegt. Niedrigere Scholle wird abgeschoben, erhöhte aufgeschoben
  Aufschiebung (
  Horizontal-oder Blattverschiebung
  Schrägabschiebung
- Man unterscheidet Horst- und Pultschollen und Graben- und Staffelbrüche (S. Folie 61)
- Bruchschollengebirgen sind häufig Mittelgebirge (Bayerischer Wald, Thüringer Wald)
- Gestalt der Erdoberfläche ist Ergebnis eines Zusammenwirkens von
  Endogenen Faktoren (Gebirgsbildung, Hebung ect.
  Exogenen Faktoren (Verwitterung, Erosion, Akkumulation)

<u>Verwitterung</u>

- Einwirkung atmosphärischer Prozesse, durch die Gesteine zerstört bzw. verändert werden und so der Abtragung bereitgestellt werden.
- Beteiligt sind chemische, physikalische und biologische Prozesse
- Intensität hängt ab von:
  - Eigenschaften/Widerstandsfähigkeit des Gesteins (Gefüge, Mineralzusammensetzung,…)
  - Klimabedingungen (kalt, warm, feucht, trocken,…)
  - Vorhandensein bzw. Fehlen von Bodenbedeckung und Vegetation
  - Biologische Aktivität
  - Dauer der Exposition des Gesteins

Physikalische Verwitterung

Mechanische Auflockerung und Zerkleinerung des Festgesteins OHNE chemische Änderung der Mineralzusammensetzung.

Vergrößert durch mechanischen Zerfall die Angriffsfläche für chemische Verwitterung

- **Druckentlastung:** Abtragung von aufliegenden Gesteinsmassen -> Entlastung -> Lockerung des Verbandes (Exfoliation = Abschalung, Desquamation = Abschuppung)
- **Temperatursprengung:** Expansion und Kontratkion des Gesteins bei häufigen und raschen Temperaturänderungen, Spannungsgegensätze
- **Frost und Eissprengung:** Volumenzunahme von Wasser beim Gefrieren um 10% -> Druck
- **Salzsprengung:** im Wasser gelöste Salze kristallisieren bei Verdunstung in Klüften aus -> Druck
- **Wurzelsprengung:** mechanische Belastung durch Eindringen und Wachsen von Pflanzenwurzel in Klüften

Chemische Verwitterung

Chemische Veränderung bis zur vollständigen Lösung der Minerale im Gestein

Wasser löst Bestandteile aus Festsubstanz -> es entsteht stofflich verändertes Ausgangsmaterial und eine Lösung, die die Stoffe enthält, die der Festsubstanz entzogen wurden

- Hydratation: Einlagerung von Wassermolekülen an bestimmte Kationen im Kristallgitter
- Lösungsverwitterung: Lösung von Mineralen durch Wasser -> Hohlräume
- Kohlensäureverwitterung: v.a. Kalkstein und Dolomit
- Hydrolyse: Kationen, die in Mineralen des Gesteins gebunden sind werden durch H^+Ionen gelöst

Verwitterungsintensität:

- Abhängig von Verwitterungsstabilität der vorliegenden Stoffe:
  Chloride leichter wasserlöslich als Sulfate, Sulfate leichter löslich als Carbonate
  Verwitterungsresistenz bei Silikaten: Olivin<Biotit<Orthoklas<Muscovit<Quarz
- Abhängig vom Gefüge: Basalt verwittert schneller chemisch, Granit schneller physikalisch
- Abhängig vom Klima

Fluviale Formen und Prozesse

= Oberflächenformung durch fließendes Wasser

Wirksamkeit fluvialer Dynamik ist abhängig vom Oberflächenabfluss, der wieder abhängig vom Wasserhaushalt gesteuert wird

Komponenten des Wasserhaushaltes:

- NS
- Interzeption: von Pflanzen abgefangener NS, erreicht Boden nicht
- Infiltration: Im Boden versickerndes NS-Wasser
- Grundwasser: tief versickertes NS-Wasser, füllt Poren und Klüfte
- Interflow: Zwischenabfluss im Boden
- Oberflächenabfluss: oberflächig abfließendes NS-Wasser
  Setzt sich zusammen aus <u>Direktabfluss</u> (= direkter NS-Eintrag), <u>Interflow</u> (= Zwischenabfluss), <u>Basisabfluss</u> (=Grundwasser-gespeist)
  A = N – V   (Abfluss = NS – Verdunstung)
- Evapotranspiration: Verdunstung von NS-Wasser von der Landoberfläche und vom Boden und durch Tiere und Pflanzen

Abfluss reagiert zeitverzögert auf ein NS-Ereignis. Er ist abhängig von:

- Der Art des NS-Ereignis (heftiger Regenschauer, Landregen)
- Von der Einzugsgebietsgröße und –form
- Vom Relief

In Abhängigkeit der Fließgeschwindigkeit können Flüsse **erodieren**, **transportieren** oder **akkumulieren.**

Der Bereich maximaler Fließgeschwindigkeit wird als **Stromstrich** bezeichnet. Bei geraden Flussläufen liegt **Stromstrich** in Flussmitte, bei Biegungen verlagert er sich nach außen.
→ **Prallhang**: ständige Erosion, Unterschneidung, steil
→ **Gleithang**: ständige Akkumulation, flach

EROSION:
Abtragung durch fließendes Wasser sowie durch die abschleifende Wirkung (Abrasion) der mitgeführten Gerölle im Festgestein
- Tiefenerosion = Tieferlegen der Flusssohle
- Seitenerosion = Rückverlegung eines Ufers

TRANSPORT:
In fließendem Wasser transportiertes Material wird als Flussfracht bezeichnet:
- Lösungsfracht (chemische Verwitterung)
- Schwebfracht (Suspension, i.d.R. Ton u. Schluff aus Böden ausgewaschen)
- Geröllfracht (Schotter u. Sande, die springend, rollend oder schiebend transp. werden)
=> Je höher Strömungsgeschwindigkeit, desto größer Transportkraft eines Flusses

AKKUMULATION:
Bei nachlassender Transportkraft (= Fließgeschwindigkeit) wird das in Flüssen mitgeführte Material
wieder abgelagert
- Schotterbänke
- Sandbänke
- Uferwälle
- Deltas: Verzweigte Flussmündung in See oder Meer, Abfolge geschichteter Sedimente
- Schwemmfächer, wenn Fluss aus dem Gebirge in eine Ebene eintritt

Täler, Talformen und Gewässergrundrisse

- Täler zeichnen sich durch eine Abflusskonzentration aus gegenüber eine eher flächenhaften
  Abfluss am Hang
  →höhere Transportleistung
  →höhere Eintiefungsgeschwindigkeit

{...}

Flussterassen

  - Reste ehemaliger Talböden, nach weiterer Tiefenerosion bleiben Reste des ehemaligen
    Talbodens als seitliche Terrassen zurück
  - Ursachen: tektonische Bewegungen, Meeresspiegelschwankungen, veränderte
    Wasserführung der Flüsse in Zusammenhang mit Klimaschwankungen

- Von der Quelle bis zur Mündung unterscheidet man: Oberlauf, Mittellauf, Unterlauf

Äolische Formen und Prozesse

Oberflächenformung durch Wind. Verbreitet in Räumen mit:
- Geringer Vegetationsbedeckung
- Hohem Anteil an Lockermaterial
- Wind

Aufgrund der geringeren Dichte und damit Transportkraft des Windes im Vergleich zu Wasser
können nur wesentlich kleinere Korngrö0en transportiert werden.

EROSION
- Deflation: wirkt selektiv, Feinmaterial wird ausgeweht, Grobmaterial bleibt zurück
- Korrasion (= Windschliff) es entstehen Windkanter, Pilzfelsen, Yardangs

TRANSPORT
- **Saltation** = „springende" Bewegung von Sand
- **Reptation** = „rollende" Bewegung von Sand
- **Suspension** = „schwebende" Bewegung

Menge des transportierten Materials abhängig von:
- Korngrößenzusammensetzung
- Windgeschwindigkeit

- Vegetationsbedeckung: Dichte, Zusammensetzung und Wuchsformen der Pflanzen haben Einfluss auf bodennahe Windströmungen
- Oberflächenbeschaffenheit

AKKUMULATION

Unterschiede in der Geschwindigkeit der transportierenden Luft u. des transportierten Sandes erzeugen Reibung u. damit Turbulenzen. Dadurch wird die Sandbewegung lokal verstärkt, bzw. verlangsamt, so dass wellenförmig angeordnete Hohl- und Vollformen entstehen.

Man unterscheidet:
- Windrippel
- Dünen
- Draa (Dünenkörper mit > 500 m Erstreckung

Glaziale Formen und Prozesse

Gletscher bilden sich dort, wo im Jahresverlauf mehr Schnee fällt, als durch Ablation (= Schmelzen + Verdunstung/ Sublimation) aufgezehrt wird.

Man unterscheidet:
Nährgebiet: Schneeakkumulation findet statt
Zehrgebiet: Ablation findet überwiegend statt

Schneegrenze / Gleichgewichtslinie trennt Nähr- u. Zehrgebiet; sie stellt ein dynamisches Gleichgewicht zwischen Schneeakkumulation und Ablation dar.

Verschiedene Stadien der Metamorphose von Schnee zu Gletschereis. Große Kristalle bilden sich dabei, Luftgehalt nimmt ab und Dichte nimmt zu.

Gletschereis bewegt sich, wenn Eisdicke bestimmten Schwellenwert überschreitet.
- Warmer Gletscher: Gletscher gleitet gleichmäßig auf Wasserfilm
- Kalter Gletscher: kein Wasserfilm, sondern ruckartige Blockbewegung

EROSION:

Unter Druck des bewegten Gletschereises wird an der Erdoberfläche erodiert; Lockermaterial wird aufgenommen u. abtransportiert
Der unter Eis liegende Fels wird durch Gletscherschliff geglättet u. geschrammt

Detersion: Vorgänge des Abschleifen, Abschürfen u. Glättung
Detraktion: Herausbrechen von Gestein aus dem Untergrund von im Eis mitgeführten Felspartikeln
Exaration: Zusammenschub u. Ausschürfung von Lockermaterial im Bereich der Gletscherstirn

Erosionsformen:

- Rundhöcker
- Gletscherschliff
- Gletscherschramm
- Kare

- Hängetäler
- Zungenbecken
- Trogtäler oder U-Täler
- Strudeltöpfe

TRANSPORT:

Prinzipielle Transportwege in einem Talgletscher

- Subglazial: unter dem Gletscher
- Supraglazial: auf dem Gletscher
- En-(oder intra-) glazial: im Gletscher
- Proglazial: vor dem Gletscher

AKKUMULATION:

→ glaziale Ablagerung (durch Eis selbst)

Keine Materialsortierung im Gegensatz zu anderen exogenen Prozessen

→ glazifluviale Ablagerungen (durch Schmelzwässer)

Akkumulationsformen:

- **Moränen**: vom Gletscher transportiertes Schuttmaterial (Seitenmoräne, Mittelmoräne, Endmoräne, Obermoräne, Grundmoräne
- **Eratische** Blöcke/ Findlinge
- **Drumlins**: stromlinienförmige Hügel aus Lockermaterial
- **Sander**: fächerförmige Schmelzwasseraufschüttung vor dem Eisrand mit stark variierenden Korngrößenspektren. In Norddeutschland: vorwiegend Sande, Süddeutschland: Sander als Schotterflächen   KÖNNTE MAL STAATSEXAMENSFRAGE SEIN
- **Kames** und **Kamesterassen**: unregelmäßig geformte Hügel oder Terrassen aus geschichteten u. sortierten glaziofluvialen Ablagerungen die auf, zwischen oder an den Seiten von abtauendem u. zerfallendem Gletschereis abgesetzt wurden
- Os/Oser

Gravitative Massenbewegung

- Hangwärts gerichtete Bewegungen von nassen - trockenen Boden-, Gestein- u. Schlammmassen unter unmittelbaren Einfluss der Schwerkraft
- Treibende Kräfte müssen haltende Kräfte übertreffen
- Beeinflusst durch:
  - Gesteinsart und –Lagerung
  - Porosität/Wasserdurchlässigkeit des Gesteins (Kluftsysteme, Schichtfugen)
  - vorherrschende Verwitterungsart
  - Klima
  - Relief
  - Wasserhaushalt (stärke des NS)
  - anthropogener Einfluss

<u>An Hängen wirken verschiedene Kräfte auf die Partikel:</u>

- **Schwerkraft**: senkrecht in Richtung Erdmittelpunkt
- **Schubkraft**: hangparallel, kann in Lockermaterial durch Porenwassersättigung erhöht werden
- **Druckkraft aufliegender Partikel**: im rechten Winkel zum Hang
- **Kohäsions- u. Adhäsionskräfte zwischen benachbarten Partikel**
  => Hang ist stabil, wenn die Kräfte, die auf die einzelnen Partikel wirken, im Gleichgewicht stehen

<u>Wirkung der Schwerkraft auf Bewegung an einem Hang ist abhängig von:</u>

- **Hangneigung**: bei 0° Neigung : Schwerkraft= Druckraft, 90°: Schwerkraft = Schubkraft
- **Korngröße u. Zurundungsgrad**
- **Porenwassergehalt**

ARTEN VON BEWEGUNG

Bodenkriechen
- Boden oder Erosionsprodukte bewegen sich Langsam, aber kontinuierlich, mäßig feuchter Boden.
- Bewegung durch Kontraktion u. Expansion von tonhaltigem, durchtränktem Material
  → Hakenschlagen
  → Stammniebildung

Solifluktion
- Weitere Form des Bodenkriechens nur in kalten Regionen
- Bodenbewegung in Zusammenhang mit Gefrier- u. Tauprozessen im Boden -> periglaziales Phänomen

Muren
- Schnell und nass
- Steile Wildbäche verwandeln sich bei Starkregenereignissen häufig zu Murgangbahnen
- Muren auch an Hängen

Rutschung
- Schnell und mäßig nass
- Verlagerte Masse wir d als Einheit bewegt
- Gleitfläche im Untergrund häufig Tonlagen
- Häufig spielen auch anthropogene Einflüsse eine Rolle

Stürze
- Schnell und trocken
- Einzelne Blöcke fallen frei aus steilen Felswänden oder Berghängen herab
- Durch Verwitterung gelöste Partikel unterschiedlichster Größe stürzen herab
- Große schwere Partikel werden am weitesten bis zum Hangfuß transportiert (anders als bei fließendem Wasser)
- Unterscheidung nach Dimension: Steinschlag, Felssturz, Bergsturz
- Bergstürze sind eine Folge der Steilheit, die Folge der Talgeschichte ist. → während Eiszeit glaziale Eintiefung → nach Abschmelzen fehlt Widerlager → Bergstürze

Periglaziale Formen und Prozesse

- Per & glazial = „um die Gletscher herum"
- Periglazialgebiete sind unvergletscherte, aber kalten Regionen, die von
  - Frostverwitterung
  - Permafrostboden/Winterfrostboden
  - Solifuktion (Bodenfliesen in Verbindung mit Bodeneis)
  - Kryoturbation (Bodendurchmischung in Verbindung mit Bodeneis gekennzeichnet sind
- In subpolargebiete und Hochgebirge
- Periglaziale Oberflächenformung v.a. klimatisch gesteuert:
  - jahreszeitlicher, kurz während er oder tageszeitlicher **Frostwechsel** und bei ausreichender **Bodenfeuchte**

Periglaziale Kleinformen: **Solifluktion**; nach Einfluss der Vegetation unterscheidet man:
Gebundene Solifluktionsloben (geschlossene Vegetationsdecke kennzeichen Fließzungen),
gehemmte Solifluktionsloben, ungebundene Solifluktionsloben
Wanderblöcke: Grobe Komponenten bewegen sich schneller als bewachsenes Feinmaterial →
Phänomen dergebundenen Soliflution
Staublöcke: unbewaschenes Feinmaterial bewegt sich schneller als Grobmaterial → ungebunenen
Solfluktio

Periglaziale Kleinformen: **Kryoturbation**:
- **Thufur** (Rasenhügel) **Palsa** (Torfhügel), **Pingos** (Hügel) Frosthub
- **Frostmuster**: Steinringe und polygone, Steingirlanden u. Steinstreifen
- Unterschiedliche Größe: **Miniaturformen** (tageszeitliche Frostwechsel), **mittelgroße Sekundärmusterung** (länger anhaltende Frosteinwirkung), **große Primärmusterung** (jahreszeitliche Frosteinwirkung)

Periglaziale Mesoformen – Glatthänge u. Blockgletscher

Glatthänge
- 30 ° steile, ungegliederte, glatte Frostschutthänge
- Labiles Gleichgewicht von Schuttanfall u. abtransport
- Schutttransport läuft v.a. solifluidal ab
  => nicht alle glatten Hänge sind Glatthänge -> beschränkt auf periglazialen Bereich
- Häufig zeigen sich Kamm- bzw. Talasymmetrien im **Norden Glaziale Steilhangbildung** im **Süden Periglaziale Glatthangbildung**

Blockgletscher
- Gefrorene Schuttmassen bzw. Schutt-Eis-Gemische, die sich auf Grund ihres hohen Eisgehaltes plastisch verhalten und der Schwerkraft folgend langsam talwärts fließen
- Je nach Schutt- u. Eisherkunft unterscheidet man:
  - Moränen-Blockgletscher (Toteis & Klufteis)
  - Hangschutt-Blockgletscher (Klufteis)
- Merkmale: Fließstrukturen erkennbar, grober Blockmantel, steile Stirn

Karstmorphologie

- Charakteristische gesteinsabhängige Oberflächenformen, durch Lösungsverwitterung, Abfuhr der Lösungsprodukte u. gegebenenfalls deren Ausfällung entstanden

<u>Voraussetzung für Karstformen:</u>
- Löslichkeit des Gesteins
- Vorkommen an Kalkstein gebunden
- Ausreichend Wasser in flüssiger Form mit darin gelösten Säuren
- Durchlässigkeit/Wasserwegsamkeit des Gesteins: NS infiltriert in Klüften in Gestein und löst es dabei
- An Karstquellen tritt Wasser wieder auf u. führt gelöste Material weg
- Mineralische Einheit des Gesteins

Lösungsverwitterung (Korrosion) tritt auf in:
- Kalkgestein u. Dolomit
- Sulfaten (Gips) u. Chloriden (Stein-u. Kalisalze)
- „Silikatkarst" in nicht-lösbaren silikatischen Gesteinen (z.B. Granit

Kohlensäureverwitterung

Calciumcarbonat + Kohlenstoff = Calciumhydrogencarbonat

Reines Wasser kaum lösungsfähig; kohlensäurebeladenes schon. CO_2 Lieferanten sind tierische, pflanzliche Atmung, Vulkanismus u. Verbrennungsabgase

→kühle Temp. u. hohe Drücke fördern Kalklösung

→bei max. Menge an gelöstem Kalk spricht man von „gesättigtem" Wasser

→ Bei Veränderung eines der beiden Parameter kann es zu weiterer Lösung aber auch zu Kalkausfällung kommen

<u>Karsthydrographische Zonen:</u>
- **Vadose Zone**, durch die sich das Wasser abwärts bewegt
- **Phreatische Zone**, ständig mit Wasser gefüllte Zone
- **Hochwasserzone**, wechselnde Wasserstände

Oberirdische Erscheinungen
- → Nackter Karst: frei von Boden-u. Vegetationsbedeckung
- → Bedeckter Karst: bedeckt von Boden u. Vegetation
- → Überdeckter Karst: nachträglich von jüngeren Sediment überdeckter Karst

- <u>KARREN</u>
  Durch Lösung an der Gesteinsoberfläche entstandene Kleinformen im cm-m Bereich (Lockkarren, Rillenkarren, Kluftkarren)

- <u>DOLINEN</u>
  Runde, geschlossene Hohlformen, mit einem Durchmesser zw. Wenigen Metern u. einigen hundert Metern. (Lösungsdolinen durch besonders starke Lösungsverwitterung; Einsturzdolinen durch den Einsturz einer Höhlendecke)

- UVALAS
  Länglich bis ungleichmäßig geformte Karst-Hohlformen, die sich i.d.R. durch Überschneidung
  verschiedener Dolinen gebildet haben

- POLJEN
  Größte geschlossene Karst-Hohlformen. Sind i.d.R. durch Kluftsysteme bestimmt u. folgen
  den Streichrichtungen geologischer Strukturen. Poljen fehlt häufig ein oberflächlicher
  Ausfluss, Wasser kann aber in Karstquellen zu Tage treten u. in Schlucklöchern wieder
  verschwinden

- TROCKENTÄLER

- KEGEL-, TURM u. COCKPITKARST
  Extremform der Karstentwicklung in warmen, feuchten Klimaten der Tropen in feinen,
  dickbankigen Kalken.
  Fortschreitende seitliche Erosion von Cockpits führt zu Umformung der angrenzenden
  Vollformen zunächst zu Kuppen dann zu Kegeln und schließlich zu Türmen

Unterirdische Erscheinung
- HÖHLENERSCHEINUNG
  Bedeutende Karsterscheinungen, da großer Teil der Lösungsverwitterung im Kalk unter der
  Erde stattfindet

Ausfällungserscheinung
- SINDERBECKEN UND –TERASSEN

Skulpturformen & Strukturformen

Skulpturformen:

Skulpturformen - Bergfußflächen in Trockengebieten
Ordnung einer Abfolge unterschiedlicher Prozessbereiche
- **Pediment**: Flächenspülung, Transport u. aktive Hangrückverlegung
- **Glacis**: Akkumulation u. gelegentlicher Weitertransport, Winderosion

Strukturformen - Schichtstufenlandschaft
- Schichtgesteine sind marine Sedimentgesteine. Sie sind über weite Flächen von gleicher
  Gestalt
- Sedimentgesteine haben vertikale Abfolge versch. Schichten
- Schichtenaufbau beeinflusst Landform v.a. dann wenn Schichten verwitterungsresistent sind
  u. daher untersch. stark abgetragen werden.
- Tektonische Bewegung zerlegen ursprüngliche horizontale Schichten der Sedimentgesteine
  durch Brüche in **Bruchschollen** oder verbiegen sie zu Mulden u. Sätteln, aus denen dann
  Schichtstufen entstehen können
- Je nach Lagerung & Einfallen der Schichten:

- **Schichttafel**: ebenes Plateau, das an seinen Rändern steil abfällt
- **Schichtstufe**: Leichtes gleichsinniges Einfallen der Schichten
- **Stufenbildner**: das widerständige Gestein
- **Sockelbildner**: das weniger widerstandsfähige Gestein
- **Schichtkämme/ Schichtrippen**: zeigen steileres Einfallen der Schichten als Schichtstufen

Bodenkunde

Einleitung

Wie nehmen wir den Boden unter unseren Füßen wahr?

- Boden als Pflanzenstandort (Edelweiß, Redwood auf Braunerde,
- Boden als Lebensraum von Tieren
- Boden als Lebensraum für Menschen (Höhlenwohnungen)
- Boden als Baumaterial (Ziegelbrennerei)
- Boden als Material für Alltagsgegenstände
- Boden als Grundlage der Nahrungsmittelproduktion
- Boden als Naturgefahr (Erdrutsch)
- Boden als lästiges Übel (Ornatenton)

Boden

Ökosystemare Stellung

„Der Boden (Pedon) ist ein Grenzbereich der Erdoberfläche u. das Element der Pedosphäre (Bodendecke), in welcher sich Lithosphäre, Hydrosphäre, Atmosphäre u. Biosphäre überlagern u. durchdringen."

Abgrenzung

„Der Boden ist nach unten durch festes oder lockeres Gestein, nach oben durch eine Vegetatonsdecke o. die Atmosphäre begrenzt, während er zur Seite in benachbarte Böden übergeht."

Def. Boden

Der Boden stellt ein im Laufe der Zeit sich unter dem Einfluss der Umweltfaktoren weiterentwickelndes Umwandlungsprodukt mineralischer u. organischer Substanzen dar, das höheren Pflanzen als Standort dient u. die Lebensgrundlage für Tiere u. Menschen bildet.

Beisp. Braunerde, Torfboden, ausgetrocknete Salztonkruste, Sanddünen, Korallensandböden, Semiterrestrische Mangrovenböden, Rotlehmboden

Die natürliche Bodenfunktion

- Lebensraum (Bodenorganismen)
- Standort (natürliche Vegetation, Kulturpflanzen)
- Ausgleichskörper (Wasser)
- Filter u. Puffer
- Archiv

Bodenbildende Faktoren

Pedogenese = Bodenbildung

→ *Faktoren*

Boden (B) ist eine Funktion von bodenbildenden Faktoren:
Gestein (G), Klima (K), Relief (R), Organismen (O), Zeit (Z), Mensch (M)

   => B= f(G,K,R,O,Z,M)

Faktor Ausgangsgestein:
- Richtung u. Intensität der Bodenentwicklung hängen von **Gefüge** (Locker-Festgestein, Porosität), **Mineralbestand** u. **Körnung** des Ausgangsgesteins ab
- **Ausgangsgestein** beeinflusst Bodenart, Mineralbestand, bodenchemismus, Gefüge, Bodenfarbe
- Beispiele:
  - Böden aus Lockergestein sind meist tiefgründiger entwickelt
  - Tiefengestein mit grobem Gefüge verwittern meist leichter als Ergussgesteine mit dichtem Gefüge
  - Bei Lockergesteinen beeinflusst Körnung u. Lagerungsdichte die Permeabilität u. steuert damit vertikale Verlagerungsprozesse bzw. ruft Wasserstau mit reduzierenden Bedingungen hervor
  - hoher Carbonatgehalt verzögert die Silikatverwitterung
  - pH-Wert der **Ausgangsgesteine** beeinflusst pH-Wert der Böden u. hat damit Einfluss auf bodenbildende Prozesse

Faktor Klima:
- wirkt direkt **über Klimaelemente** (Temp. NS, Wind, Verdunstung) u. **indirekt über Biosphäre** auf Bodenentwicklung
- Klima dominiert großflächig Bodenentwicklung stärker als andere Faktoren
- Klimaeinfluss wird durch Relief, Exposition u. Bodenbedeckung lokal stark modifiziert
- Beisp.
  - **Temperatur** wirkt direkt auf Verwitterungsprozesse u. die Bodenlebewelt, indirekt auf Verlagerungsprozesse im Boden u. Evapotranspiration
  - **NS** ergänzen Bodenwasser/Sickerwasser, Wasser wirkt direkt auf bodenbildende Umwandlungs- u. Verlagerungsprozesse aus, indirekt z.B. auf Bodenwärmehaushalt
  - **Wind** bestimmt Verdunstung mit u. sorgt für Verlagerung von Bodenpartikeln u. somit für Erosion u. Akkumulation von Bodenpartikeln.
- Konkrete Beispiele für klimazonale Bodenentwicklung:
  - **Humide subtropisch/tropische Klimate**: hohe chem. Verwitterung, deszendente Lösungs- u. Verlagerungsprozesse → Abfuhr von mineralischen Nährstoffen

o **Aride subtropisch/tropische Klimate**: hohe physikalische Vewitterung (Wassermangel) erhöht Verdunstung → aszendierender Bodenwasserstrom, Mineralanreicherung im Oberboden

Faktor Relief:

Auswirkung auf Bodengenese über

- Absolute Höhenlage
- Die Exposition → Änderung von Mikroklima, Biosphäre
- Die Hanggeometrie und –dynamik (Kuppe, Hang u. Senke) → Mikroklima, Grund-bzw. Hangwassereinfluss, Erosions- u. Akkumulationsbereiche…)

Faktor Organismen:

Stark gesteins- und klimaabhängig

Beeinflussung primär u. sekundär

Flora u. Fauna auf der Bodenoberfläche

- Art u. die Dichte der Vegetationsbedeckung z. B. Wärmehaushalt, Infiltration
- Wurzelgänge u. Röhren abgestorbener Wurzeln → Festigung, Infiltrationskapazität
- Abgestorbene org. Substanz → Nährstofflieferung → Streuproduktion u. Mineralisation
- Verdichtung des Bodens durch Tritt

Edaphon: Bodenfauna und –flora Bodenlebewelt

- Zerkleinerung der Streu, Zersetzung von Tierleichen durch Erstzersetzer (Asseln, Insektenlarven, Regenwürmer, Ameisen…) u. Mikroben (Pilze, Bakterien, Algen..), Abbau von org. Stoffen, Aufbau von Huminstoffen
- Stickstoffkreislauf durch Bakterien
- Stickstofffixierung
- Nährstofffixierung (Symbiose)
- Gefügebildung (z.B. Regenwürmer)
- Bioturbation durch Bohrgräber (z.B. Regenwürmer, Schaufelgräber (z.B. Maulwurf, Maikäfer) oder Wühler (Hamster, Ziesel)

Faktor Zeit:

- Bestimmt Dauer der Bodenbildung
- Mit der Zeit können sich auch bodenbildende Faktoren ändern z. B. klimatische Bedingungen, Flora, Fauna, Vegetationsbedeckung, anthropogene Nutzung aber **KEINE** energetische Wirkung!!!

Zeitliche Unterscheidung von Böden:

Rezente Böden: haben sich bei gegenwärtiger Faktorenkonstellation entwickelt u. streben ihrem Klimaxstadium zu oder haben dieses erreicht

Reliktböden: in früheren Zeiten von der damaligen Faktorenkonstellation geprägt u. entwickeln sich, unter Erhaltung stabiler Merkmale, unter den heutigen Bedingungen weiter

Fossile Böden: begrabene oder überdeckte Böden mit unterbrochener Bodenentwicklung u. konservierten Bodenmerkmalen

Faktor Mensch:
- Bodenabtrag, -auftrag u. Bodendurchmischung
- Bodenversiegelung
- Drainage
- Düngung, Kalkung
- Anbau u. Abfuhr bestimmter Feldfrüchte
- Rodung von Wäldern
- Schadstoffemission → Bodenversauerung, Modenkontamination

Bodenbildende Prozesse – Teil 1

→ *Prozesse*

Transformationsprozesse:
- Verwitterung
- Zersetzung & Remineralisierung
- Mineralneubildung
- Humifizierung
- Gefügebildung

Translokationsprozesse:
- Salzverlagerung
- Tonverlagerung (Lessivierung)
- Verlagerung org. Substanzen
- Verlagerung von Sesquioxiden
- Turbation (Durchmischung)
- Oberflächenverlagerung

Ergebnis pedogener Prozesse: Bodentypen:

BODENTYP: Charakteristische Horizontabfolge im Bodenprofil als Ergebnis spezifischer bodenbildender Prozesse u. Faktoren.

Haupteinteilung:
A-Horizont: Mineralhorizont im Oberboden mit akkumuliertem Humus und/oder an
             Mineralstoffen veramt
B-Horizont: Mineralhorizont im Unterboden mit verändertem Mineralbestand durch
             Einlagerungen aus dem Oberboden u/o Verwitterung in situ
C-Horizont: Ausgangsgestein (aufgelockert, vewittert)

→*Transformationsprozesse*

Verwitterung (Abbau mineralischer Substanz)

- z.B. Verbraunung
  - Verwitterung eisenhaltiger Minerale unter Bildung von Eisenoxiden -> Oxidation -> Merkmal der Profildifferenzierung
  - Eisenfreisetzung bei pH-Wert<7 aus Fe(II)- haltigen Silikaten (v.a. Goethit, Hämatit
- **→Braunerde**

Zersetzung & Mineralisierung (Abbau org. Substanzen

Bodenbildende Prozesse – Teil 2

→ *Translokationsprozess*

Bodenverlagerung können vertikal oder lateral verlaufen, einzelne Horizonte oder ganze Bodenprofile erfassen und maßgeblich zur Profildifferenzierung beitragen.

Man kann unterscheiden:

- **Lösungswanderungen**
  z. B. Salz-, Gips-, Carbonatverlagerung, Metallionen, org. Stoffe, Chelate (mechanische Komplexe)
- **Mechanische Durchmischung toniger Substanzen in Wurmgängen, Wurzelröhren, Grob- u. Mittelporen** (Lessivierung)
- **Turbation** (z.B. Bio-, Hydro-, Kulto-, Kryoturbation)

Bei Translokationsprozessen unterscheidet man allgemein **3 Phasen:**
1. Mobilisierung
2. Transport
3. Ablagerung

<u>Salz-, Kalk-, Gipsverlagerung</u>
- Auswaschung u. Verlagerung von wasserlöslichen Salzen, Calciumcarbonat (u. Gips) u. Anreicherung in anderen Bodenbereichen oder Bodenhorizonten
- Verlagerungsform: gelöst
- **Mobilisierung:** Nach Wasserzufuhr durch Lösung in Abhängigkeit der Löslichkeit
  Transport: im gelösten Zustand mit dem freien Bodenwasserstrom
  Ablagerung: Bei reduziertem Wassergehalt in Abhängigkeit der Löslichkeit. Generell werden die am schwersten löslichen Stoffe auch als erste wieder aus einer Lösung ausgefällt
- Bei salz- und Kalkverlagerungen kann zwischen TAGWASSER (NS-Wasser) u. GRUNDWASSER Versalzung bzw. Carbonatisierung unterschieden werden
  - die mit NS-Wasser eingebrachten u/o transportierten Stoffe werden meist mit dem Sickerwasser **deszendent** (absteigend) verlagert **(= Anreicherungshorizonte im Boden)**

> Die Grundwasserversalzung findet in ariden Klimaten mit aufsteigendem
> Kapillarwasser **aszendent** statt **(= Anreicherungshorizonte im Oberboden u. evtl.
> Krusten ausgefällter Stoffe an der Bodenoberfläche)**

Tonverlagerung (Lessivierung)

- Abwärtsverlagerung mineralischer Partikel der Ton-Fraktion mit dem Sickerwasser, i.d.R.
  entlang von Poren u. Schrumpungsrissen -> profilprägender Prozess der Parabraunerde
- Verlagerungsform: in festem Zustand
- **Mobilisierung** (Zerlegung der Tonaggregate in Primärteilchen) bei:
  - genügend großer Entsalzung u. Entkalkung des Oberbodens
  - pH-Wert zw. 5 u. 7
  - guter Quellfähigkeit der Tonminerale
  Transport im Sickerwasser:
  - in Grob- u. Mittelporen
  - in Schrumpfungsrissen
  Ablagerung der Tonminerale:
  - höhere Salz- oder Kalkkonzentration, Änderung des pH-Wertes ins stärker saureoder
  basische Milleu
  - Poren enden nach unten
  - Lufteinschlüsse bringen die Sickerwasserfront zum Stillstand

Verlagerung von org. Substanz & Metalloxiden

- Verlagerung von v.a. niedermolekularen Verbindungen (Poloypenole..) u. wasserlöslichen
  Huminstoffen (Fulvosäuren) -> Podsolierung
- **Mobilisierung:**
  - kühl-gemäßigtes humides - stark humides Klima -> ausreichend SW, niedrige Temp.
  - Vegetationsbesatz: vorwiegend Nadelwald u. Heideart -> saure Streu, niedriger pH-Wert
  - Nährstoff- oder Wärmemangel -> schwache Zersetzung der org. Substanz
  Transport mit dem Sickerwasser
  Ablagerung im Unterboden durch
  - Flockung der metallorganischen Komplexe (Chelate)
  - Abnahme der Löslichkeit
  - Zunahme des pH-Wertes
  -> bei Verlagerung von metallorg. Komplexen werden zuerst org. Stoffe angereichert, weiter
  unten die Metalloxide

Bioturbation

- Maulwurf u. Regenwurm lagern bis 12 kg Bodenmasse pro m^2/Jahr um
- Auswirkung: Gefügebildung, Lockerung u. Durchlüftung, Nährstoffdurchmischung,
  Durchmischung von mineralischer u. org. Substanz, tief reichende Humusakkumulation durch
  Vertikalwanderung der Bodenfauna -> Schwazerde

Hydroturbation

- Durchmischung durch Quellen u. Schrumpfen tonreicher Böden mit hohem Gehalt quellbarer
  Tonminerale -> Vertisole

<u>Kryoturbation</u>
- Durchmischungsvorgänge durch Volumenänderungen bei Gefrier-Tau-Zyklen

<u>Oberlfächenverlagerung</u>
- Murgänge, Solifluktionsloben

Bodenmerkmale

→*Bodenvolumen*
Bodenstrukur mit Wurzeln, Bodenkolloiden, Bodenluft, Bodenwasser

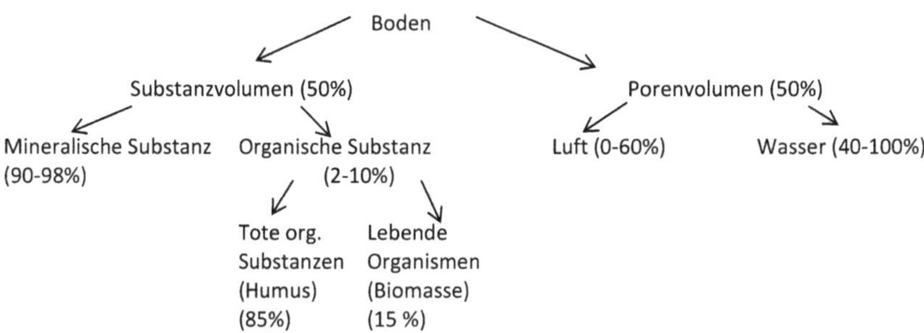

Substanzvolumen (SV)
- Volumen aller festen Bodenbestandteilen (=Bodenmartrix)
- Differenz zw. Bodenvolumen (BV) u. Porenvolumen (PV): BV-PV = SV
- Je nach Art der Festsubstanz des Bodenkörpers unterscheidet man zw. Mineralischer u. organischer Bodensubstanz, i.d.R. in gemischter Form

<u>Mineralische Substanz</u>
[....]
Sandiger Boden ist „leichter" Boden. Fühlt sich rau an, ist kaum formbar, keine Spuren an Fingern
Lehmiger bzw. toniger Boden ist „mittelschwer" mit hohem Sandanteil (lehmiger Sand/ sandiger Lehm). Beschmutzt die Finger leicht, etwas oder deutlich formbar. Je rauer desto höher der Sandanteil
Tonige bis lehmige Böden werden als „schwer" bezeichnet. Lässt sich gut formen, Finger werden stark verschmutzt. Je glatter Oberfläche, desto höher der Tongehalt

<u>Organische Substanz</u>
- Humus hat größten Anteil an org. Substanz (85%) (10% Pflanzenwurzel, 5 % Bodenflora u. Fauna wie Pilze Bakterien Regenwürmer...)
- Er befindet sich in größten Anteilen in den Auflagehorizonte und im mineralischen Oberboden (A)

Organische Auflagehorizonte:
- o **Streuschicht:** unzersetzte org. Substanz wie z.B. Laub vom diesjährigen Herbst. Bez. **L**
- o **Vermodungsschicht:** halb zersetzte, aber noch strukturierte org. Substanz. Bez. **F**
- o **Humusschicht:** weitgehend zersetzte, humifizierte Substanz: H oder **O$_h$**
- o **Mineralhorizont-Oberboden:** mineral. Oberboden mit Humus vermischt: **A$_h$-Horizont**
- o Das C/N-Verhältnis beschreibt Verhältnis von Kohlenstoff zu Stickstoff für org. Materialien

- o C:N < 30: Abbau in einem Jahr
  C:N 30-50: Abbau in 2 Jahren
  C:N > 50: Abbau in über 3 Jahren

Rohhumus:
- Auflagehorizonte dominieren
- Horizontabfolge: L, O_f, O_h, A_h, B
- Schlechte Standortbestimmungen (nährstoffarme, saure u. grobkörnige Substrate, schlecht abbaubare Streu
- C/N-Verhältnis 30-40
- Im kühlfeuchten Klima (subalpine Stufe, boreale Nadelwälder)
- Fulvosäuren -> zunehmende Versauerung

Mull:
- Günstige, nährstoffreiche Bedingungen, schneller Streuabbau u. Humifizierung
- Huminstoffe durch Bodenfauna in Mineralboden eingearbeitet
- Horizontabfolge: L, A_h, B
- Bodenreaktion ist schwach sauer bis alkalisch
- C/N-Verhältnis niedrig (10-15)

Moder:
- Zwischenform zw. Mull u. Rohhumus
- Horizontabfolge: L, O_f, (O_h), A_h, B

Porenvolumen (PV)
- Ist der Anteil der mit Luft bzw. Gas u/o Wasser bzw. Bodenlösung gefüllten Poren am Bodenkörper bezeichnet.
- PV= BV-SV
- **Grobporen**: $\varnothing$ > 10µm (=0,01mm), Sickerwasser führend, nach Abzug des Sickerwassers mit Luft gefüllt
  Mittelporen: $\varnothing$10-0,2µm (=0,01-0,0002mm), pflanzenverfügbares Haftwasser haltend, bei Austrocknung mit Luft gefüllt
  Feinporen: $\varnothing$ < 0,2µm (<0,0002mm), nicht pflanzenverfügbares Haftwasser haltend, nur bei starker Austrocknung mit Luft gefüllt

<u>Bodenluft</u>
- Zusammensetzung durch biol. Aktivitäten im Porenraum beeinflusst u. daher von atm. Luft abweichend
- O_2- und CO_2 Anteile periodischen Schwankungen unterworfen (z.B. thermische u. hygrische Jahreszeiten
- O_2 wird vom Bodenleben verbraucht u. ist rel. Langsam zu ersetzen
- CO_2 wird bei Wurzelatmung u. Atmung des Edaphons erzeugt
- Wasserdampfgehalt i.d.R. nahe der Sättigung
- Bodenluft wirkt isolierend, da geringe Wärmeleitfähigkeit

Bodenwasser

- **Sickerwasser(Sinkwasser):** Nach Infiltration in Boden eingedrungenes Wasser, das entsprechend der Schwerkraft langsamer oder schneller dem Grundwasserkörper zustrebt.
- **Haftwasser:** Anteil des Bodenwassers der gegen die Schwerkraft im Boden festgehalten wird (Adsorptionswasser+Kapillarwasser)

  Adsorptionswasser: Summe aus Adhäsionswasser (durch Adhäsionskräfte an feste Bodenteilchen gebundenes Wasser) u. Hydrationswasser (Hydrathülle der an festen Bodenpartikel adsorbierten Kationen)

  Kapillarwasser: In den Kapillaren des Bodenkörpers aufsteigendes, von Menisken getragenes Wasser. Menisken entstehen an Berührstellen zw. Flüssigkeiten u. Feststoffen.

→*BODENREAKTION*

- = Säure oder Basenwirkung der Bodenlösung.
- Maß ist pH-Wert (negative dekadische Logarithmus des Anteils freier H^+ Ionen in der Bodenlösung

  Lösung **neutral** (pH 7): 10^{-7} H^+ Ionen

  Lösung **extrem sauer** (pH 1): $10^{-1}H^+$ Ionen

  Lösung **extrem basisch** (pH 13): $10^{-13}H^+$ Ionen
- Bedeutung des pH-Werts hoch bei:

  - vielen pedogenetischen Prozessen (Tonverlagerung, Huminstoffbildung)

  - Art des Pflanzenbesatzes u. der Bodenlebewesen

  - der Nährstoff-Verfügbarkeit für Pflanzen

  - Löslichkeit von Metallen u. damit deren Konzentration bzw. Toxizität

Bodentypen

- Charakteristische Horizontabfolge im Bodenprofil als Ergebnis spezifischer bodenbildender Prozesse u Faktoren

→*Bodenhorizonte*

- Horizontmächtigkeit vom Klima u. Dauer der Bodenentwicklung abhängig
- Horizontgrenzen je nach Bodentyp scharf oder unscharf

L-Horizont: Streu, weitgehend unzersetzt

O$_{f,h}$-Horizont: Auflagehorizont über Mineralboden, roganisch

A-Horizont: Mineralhorizont im Oberboden mit akkumuliertem Humus

B-Horizont: Mineralhorizont im Unterboden mit verändertem Mineralbestand durch Einlagerung aus dem Oberboden u/o Verwitterung in situ

C-Horizont: Ausgangsgestein (aufgelockert, verwittert)

• Geogene u. anthropogene Merkmale **vor** dem Hauptsymbol (Mineralkennzeichnung)	• Bezeichnung pedogener Merkmale **hinter** dem Hauptsymbol
z.B. l = Lockermaterial (Kies), m= festes (massives) Material i = silikatisch, kieselsäurereich , c= carbonatisch	z.B. h = humus s = Anreicherung von Metalloxiden e= exuvial (ausgewaschen), Verarmung an org. Substanz f = fermentiert (org. Substanz im Zersetzungsstadium p = Pflug-, Bearbeitungshorizont v = verwittert, verbraunt t = Tonanreicherung l = tonabgereichert „lessiviert"

A$_h$-C Böden
- B-Horizonte fehlen und stellen neben den sog. Rohböden frühe Stadien der Bodenbildung dar
- **Ranker:** flachgründige Böden aus carbonatfreiem/silikatischem Festgestein
- **Rendzina:** flachgründige Böden aus Gesteinen mit hohem Carbonatgehalt (Kalkstein, Dolomit)
- **Regosol:** flachgründige Böden aus carbonatfreiem/silikatischem Lockergestein

Schwarzerde (Tschernosem)
- Keinen B-Horizont, aber sehr mächtigen A-Horizont (Mull)
- Typische Böden der kontinentalen Steppe aus Mergelgestein (tonig-kalkiges Sediment) oder auf Löß entwickelt
- <u>Bildung</u>: Mächtiger A-Horizont durch hohe Humifizierungsraten u. geringe Mineralisierung in Zusammenspiel mit Steppenklima, Steppenvegetation u. intensiver Bioturbation

Braunerde
- Besitzt B-Horizont mit typischen Verbraunungs- u. Verlehmungserscheinungen (B$_v$)
- Besitzen wegen ihres Tongehaltes gutes Wasserspeichervermögen
- Typische Böden des gemäßigt-humiden Klimas
- <u>Bildung</u>: Entwickelt aus Rankern, Regosolen u. Pararendzinen, sobald nach Entkalkung (pH-Wert Absenkung) die durch Silikatverwitterung hervorgerufene Verbraunung u. Verlehmung (Tonmineralneubildung) tiefer ins Profil vordringt.

Parabraunerde (Lessivé)
- Besitzen Tonverlagerungshorizonte im Oberboden u. Tonanreicherungshorizonte im Unterboden
- Typische Böden des gemäßigten Klimas, bis in submediterranen Raum
- <u>Bildung</u>: durch Lessivierung oft aus Braunerden nach genügend großer Entsalzung u. Entkalkung des Oberbodens, bei pH-Wert zw. 5 u. 7 u. guter Quellfähigkeit der Tonminerale

Podsol
- Besitzen einen Eluvialhorizont im Oberboden (A$_e$) u. Anreicherungshorizonte von Humus und Sesquioxiden (B$_s$) im Unterboden unter einer sauren Rohhumusauflage
- Typische Böden des borealen Klimas u. subalpinen und alpinen Raum unter Nadelwald- u. Zwergstrauchvegetation auf nährstoffarmen Substraten
- <u>Bildung</u>: durch Podsolierung, saure Huminstoffe bewirken intensive Hydrolyse der Silikate im Oberboden u. binden freigesetztes Fe u. Al in metallorganischen Komplexen, die in den Unterboden verlagert werden (Translokationsprozesse)

Gley

- Sind intrazonale Böden, die unter Grundwassereinfluss (G) in Senken u. Mulden gebildet werden; oft in ufernahen Bereichen von Flüssen oder Seen
- Besitzen i.d.R. einen humosen Oberboden, einen Oxidationshorizont im Kapillarsaumbereich (Schwankungsbereich des Grundwassers, Go) u. einen fahl-graublauen Reduktionshorizont im ständigwassergesättigten Bereich (Gr)

Klimatologie

Definitionen

Meteorologie:
- Lehre von der allgemeinen Beschaffenheit der Atmosphäre

Klimatologie:
- Lehre von der Beschaffenheit der Atmosphäre in bestimmten Teilgebieten der Erde
- Lehre vom Klima mit seiner räumlichen u. zeitlichen Veränderung

Wetter:
- Aktuelle Zustand der Atmosphäre an einem bestimmten Ort → kurzfristig

Witterung:
- Mittlerer Wetterablauf eines Gebietes für den Zeitraum von Tagen bis Wochen → mittelfristig

Klima:
- Mittlerer Zustand der Atmosphäre und gewöhnlicher Verlauf der Witterung an einem bestimmten Ort → langfristig

Klimaelemente:
- Physikalisch messbare Erscheinungen der Atmosphäre (= beobachtbar& messbar) Temperatur, Luftfeuchtigkeit, NS

Klimafaktoren:
- Geographische Gegebenheiten, die das Klima beeinflussen Strahlung, Relief, Vegetation

Das Klimasystem

- Wechselwirkung von Atmosphäre, Hydros-, Bios-, Kryos-und Lithosphäre
- Atmosphäre (Stratosphäre, Troposphäre, bodennahe Grenzschicht)
- Ozean, Hydrosphäre ((Wasser bedeckte Teil der Erde; Ozeane, Flüsse, Seen, Grundwasser)
- Kryosphäre(Schneebedeckung, Meer-Packeis, Gebirgsgletscher, Landeisschide)
- Biosphäre (lebende Bioto, lebende Biomasse
- Geosphäre (Pedosphäre, Lithosphäre) (feste Erde)

Aufbau der Atmosphäre

Def. Atmosphäre

- Lufthülle der Erde, die durch die Schwerkraft fixiert ist. Besteht aus einem physikalischen Gemisch versch. Gase
- Es kommt zu einer kontinuierlichen Abnahme des Luftdrucks

<u>**Zusammensetzung der Luft: Volumenanteil**</u>

- Atmosphäre besteht aus Gemisch verschiedener Gase, die die Erde umgibt. -> Lufthülle wird von der Schwerkraft an der Erde festgehalten
- Dichte am Meeresboden am stärksten, Zunahme der Dichte mit steigendender Höhe
- Reine trockene Luft 78 % Stickstoff (aus organ. Verbind. Freigesetzt), 21 % Sauerstoff (von Pflanzen während der Photosynthese gebildet), restliche 1 % ist Argon (Zerfallprodukt der Erdkruste)und ein anderer Teil dieses 1 % ist Kohlendioxid etwa 0,033 %

TREIBHAUSGASE:
- **CO_2 (0,4 % Tendenz steigend)**
  - Zersetzungsprozesse
  - Bodenatmung
  - Verbrennung fossiler Energieträger
- **Spurenelemente (ppm-Bereich)**
  - geringste Menge, aber höchst klimawirksam
  - **Methan**
  - **Lachgas**
- **Wasserdampf**
  - wechselnder Anteil in der Atmosphäre
  - einzige Gas, das alle 3 Aggregatszustände annehmen kann
- **Aerosole**
  - feste Schwebpartikel, Stäube, Ruß,…
  - starke raum- zeitliche Schwankungen

<u>**Schichtung der Atmosphäre**</u>

- ❖ **Troposphäre:** 7-18 km Höhe, niedrigster Wert an den Polkappen, höchster Wert über dem Äquator, Wetter-, Witterungs- & Klimaprozesse spielen sich ab
- ❖ **Tropopause:** Niedrigsten Temp. der Troposphäre. Höhe am Äquator bis 17 km, an den Polen bis 10 km
- ❖ **Stratosphäre:** ca. 20-48 km Höhe, Luftdichte, d.h. Masse der Gasmolekülen kg/kubikmeter Luft, nimmt mit zunehmender Höhe ab, sehr trocken, Temp. nimmt mit der Höhe zu, Ozonschicht
- ❖ **Stratopause:**
- ❖ **Mesosphäre:** ca. 50 – 85 km, Temp. die in oberen Schichten der Stratosphäre 0° C betrage wieder ab
- ❖ **Mesopause:**
- ❖ **Thermosphäre:** Temp. steigen in Höhen um 100 km bei extrem niedrigen Luftdruck auf mehrere 100 ° an
- ❖ **Exosphäre:** Atmosphäre geht allmählich in den interplanetaren Raum über

Troposphäre unterscheiden sich von der nahezu trockenen, praktisch wolkenfreien Stratosphäre durch ihren Gehalt an Luftfeuchtigkeit.

Strahlungs- u. Wärmehaushalt

- Eingestrahlte Energie der Sonne erreicht die EO weder vollständig noch direkt

Begriffe:

Reflexion
Strahlungsenergie/Lichtstrahlung wird zurückgeworfen (Spiegel)

Absorption

Strahlungsenergie wird von der Erdoberfläche oder von einem Stoff aufgenommen u. umgesetzt

Albedo

- %-Anteil der Strahlung, der reflektiert wird
- Der von einem Körper/Erdoberfläche reflektierte Anteil der einfallenden kurzwelligen Strahlung (Sonne)
- (je heller desto ↑, je dunkler desto ↓)
- Erde 31 %

Isolation

Der Empfang an kurzwelliger Strahlung; abhängig von:
- Einfallswinkel der Strahlung (Lambertsche Gesetz)
- Dauer der Einstrahlung (geogr. Breite, Jahreszeit)

Subsolarer Punkt

Sonne steht senkrecht / im Zenit

Solarkonstante

Die Strahlungsenergie der Sonne, die pro Zeit u. Fläche im Mittel auf die Erde käme, wenn es keine Atmosphäre gäbe

Strahlungsenergie

- Strahlungsenergiemenge variiert räumlich & zeitlich sehr stark auf der Erde
- Abhängig von Strahlungsdauer u. Einfallswinkel → Wird durch Erdrotation u. Erdrevolution gesteuert
- Schwankung nach Breitengrad und Jahreszeit
- Einstrahlungsdauer länger auf der **N**-Halbkugel und kürzer auf der S-Halbk.

Insolation nach geogr. Breite

- Äquator: 2 Maxima an Äquinoktien, 2 Minima an Solstitien minimale Schwankungen im Jahresverlauf
- **Zw. den Wendekreisen:** 2 Maxima & 2 Minima
- **Zw. WK & Polarkreisen**: Maximum an einem Solstitium, Minimum am Anderen
- **Polarkreise:** an je einem Solstitium Insolation = 0 (Polarnacht)
- **Weiter polwärts**: Periode ohne Insolation immer länger

Energie-/Strahlungsspektrum

- Strahlung = elektromagnetische Wellenenergie
- Sonne: heißer Körper -> kurzwellige Strahlung -> energiereich
- Erde: kalter Körper -> langwellige Strahlung -> energiearm

Strahlungshaushalt – Einstrahlung

- Ein Teil der einkommenden Strahlung wird reflektiert oder absorbiert
- In der Ozonschicht wird größte Teil der UV-Strahlung herausgefiltert
- Wasserdampf (Wolken): an der Oberseite der Wolken wird ein Teil reflektiert
  → verhindern einen Teil der Einstrahlung
- Ein Teil der einkommenden Strahlung wird reflektiert oder absorbiert
- Die Temp. nimmt nicht zu -> Abstrahlung
- Versch. Atmosph. Gase haben einen bestimmten Spektralbereich, wo sie ein hohes Absorptionsvermögen besitzen
- Absorbierte Strahlungsenergie gelangt wieder zurück auf die Erdoberfläche
- Daraus ergeben sich aber sog. Atmosphärische Fester, wo die Strahlung ungehindert ins Universum gelangen kann

Das solare Klima

- Klima entsteht aus dem Zusammenwirken von solaren, meteorologischen und geographischen Bedingungen
- Jahreszeiten u. Tageszeiten sind Folge der Neigung der Erdachse
- Erdrevolution = Umlauf der Erde um Sonne ca. 365,25 Tage
- **Perihel** = kleinsten Sonnenabstand am 2. Januar
- **Aphel** = größten Sonnenabstand 4. Juli
- **Erdrevolution** erfolgt um eine geneigte Achse
- Schiefe der Ekliptik führt zu einer unterschiedlichen Bestrahlung der Erdoberfläche (Achsneigung ca. 23,5 Grad)
- **Erdrotation** = Drehbewegung der Erde um ihre Achse, von West nach Ost in ca. 24 Stunden. Wegen der Schiefe der Ekliptik ist am Äquator Tag und Nacht gleich lang
- **Solstitien :**
  - <u>Sommersolstitium</u> =N-Pol zur Sonne geneigt → Sonne steht senkrecht auf dem nördl. Wendekreis
  - <u>Wintersolstitium</u> = S-Pol zur Sonne geneigt → Sonne steht senkrecht auf dem südl. Wendekreis
- **Äquinoktien** = Sonne steht sekrecht auf dem Äquator weder N- noch S-Pol sind zur Sonne hin geneigt 21.März und 23. September.
- Erdrotation, Erdrevolution u. Ekliptikschiefe bewirken auf der Erde unterschiedl. Beleuchtung des Erdkörpers,

Solare Beleuchtungszonen der Erde

Solarklimatische Gliederung:
1. Tropenzone: Region des zweimaligen Senkrechtstandes der Sonne. Solstatialzeiten

Nettoeinstrahlung

- Differenz zw. der gesamten hereinkommenden Energie u. der ges. ausgesandten Energie
- Trop. Ozeane: Strahlungsüberschuss → Hauptquellgebiet des Wasserdampfes
- Zw. 30° u. 50° starkes Energiegefälle
- Ozeane haben immer eine bessere Strahlungsbilanz als die Kontinente → besitzen eine bessere Speicherfähigkeit der Energie
- Ausgleichsströme in Gebiete mit schlechter Wärmebilanz

Lambertsches Gesetz:

- Zeigt, dass die Defizite der Bestrahlungsstärke in Abhängigkeit der Sonnenhöhe bezogen auf einen Tag durch die Dauer der Bestrahlung kompensiert werden kann.
- Die Bestrahlungsstärke einer senkrecht zur Strahlung orientierten Fläche ist am größten.
- Für horizontale Fläche ergibt sich somit die maximale Bestrahlungsstärke bei senkrecht einfallender Sonne.
- Je flacher der Einfallswinkel, desto geringer ist das Strahlungsinput, da die gleiche Energiemenge eine größere Fläche bestrahlt
- Winkel von 45° nur die Hälfte der Energie

Temperaturen

Jahresgang der Temperaturen
1) Normaltyp:
- Kontinental: Berlin
  → mittlere Temperaturamplitude
  → min. im Januar, Max. im Juli
- Maritim: Brest
  → Atlantiknähe dämpft die Temp. Amplitude (Winter wärmer, Sommer kühler)
  → Min. im Februar, Max. im August (Versch. Um 1 Monat wegen Atlantik)
- Hochkontinental: Omsk
  → hohe Temperaturamplitude
  → lange sehr kalte Winter, kurze sehr heiße Sommer

2) Äquatorialer Typ: Yangambi
→ kein Jahresgang der Temperatur immer gleich
→ Tageszeitenklima

3) Randtropen: San Jose
→ Tageszeitenklima
→ 2 Temperaturmaxima rücken näher zusammen, je weiter weg man von Äquator kommt – hin zu den WK

4) Subtropen: Perth, B.A.
→ ähnlicher Verlauf wie beim Normaltyp, jedoch fällt die Temp. nie unter 10°C

5) Monsun Typ: Bombay
→ eigentlich Normaltyp
→ aber die Regenzeit dämpft die Temp.
→ Maxima vor u. nach der Regenzeit

6) Polarer Typ: Nordpol
→ wenn Temp. über Null, kommt es zur Abflachung der Kurve, da die Energie fürs Eisschmelzen gebraucht wird

Luftfeuchtigkeit

Wasserdampf = Luftfeuchtigkeit

- Wasser befindet sich in der Atmosphäre in unterschiedlichen Aggregatszustände
  - gasförmig, flüssig, fest
  - fest -> schmelzen -> flüssig -> sieden -> gasförmig (von fest gleich zu gasförmig = sublimieren
  - gasförmig -> kondensieren -> flüssig -> erstarren -> fest (von gasförmig gleich zu fest = resublimieren
- Bei der Überführung in einen anderen Aggregatzustand wird entweder Energie benötigt oder freigesetzt

<u>**Sättigungsfeuchte der Luft**</u>

Absolute Feuchte = Tatsächliche Menge an Wasserdampf in g/m^3 Luft

Relative Feuchte
- reale/spezifische Feuchte im Verhältnis zur maximalen Sättigungsfeuchte der Luft → zu wie viel % ist die Luft wasserdamfgesättigt
- Der maximale Wasserdampfgehalt ist temperaturabhänig (je wärmer desto mehr Wasser kann aufgenommen werden)

Taupunkt
- Ist der Zustand, bei dem eine feuchte Luftmasse zu 100% gesättigt ist

Kondensation (gas → flüssig)
- Bei Unterschreitung der am Taupunkt herrschenden Temperatur (Abkühlung) → Kondensation

$$x = \frac{\text{Absolute Luftfeuchtigkeit } (\frac{g}{m3})}{\text{Maximale Luftfeuchtigkeit } (\frac{g}{m3})}$$

X * 100 = Relative Luftfeuchtigkeit (%)

Niederschlag

<u>**Globale Verteilung**</u>

Verdunstung hoch über den Ozeanen
Niedrig über den Kontinenten
Niederschlag Tropen fast 2000 mm/Jahr, In Trockengebieten unter 1000 mm/Jahr, in gemäßigten Breiten etwa 900 mm/Jahr

<u>**Globale Wasserverteilung**</u>

- Gesamtes Wasser (inkl. Chem. Gebundenen) vs. Frei verfügbares Wasser
- Das frei verfügbare Wasser ist in Speichern gesammelt
- Ständiger Austausch
- Besitzen einen Zu & -Abfluss
- Wasser besitzt darin eine unterschiedliche Verweildauer
- Süßwasser 3,47 % , Salzwasser 96,53 %

Arten von Niederschlag

- Niederschlag kann sowohl fest (Schnee, Hagel,…), als auch flüssig (Regen, Tau,…) erfolgen
- Advektive NS (Außertropen): feuchte Luftmassenzufuhr vom Ozean
- Konvektive NS (Tropen): aufsteigende Luft durch starke Erwärmung
- Orographische NS (Gebirge): Steigungsregen bei Gebirgen

<u>**Wolkenarten**</u>

- Nach Form
    - Stratus-/ Schichtwolken (Advektion)
    - Cumulus- / Haufenwolken (Konvektion)
- Nach Höhe
    - Hohe Wolken (Cirrus, Cirrostratus,..)
    - Mittlere Wolken (Altostratus, Altocumulus)
    - Niedrige Wolken (Stratus, Stratocumulus)
    - Vertikale Ausbildung (Cumulonimbus, Cumulus)

<u>**Jahresgang des NS**</u>

1. Kontinentaler Typ: Berlin, Omsk
-> Sommermaximum
-> je kontinentaler, je geringer der NS
2. Westküstentyp: Brest, Perth
-> Wintermaximum, Einfluss des Ozeans
-> Subtropen: Winterregenzeit
3. Monsun Typ: Bombay
-> Monsunregenzeit mit sehr hohen NS
4. Äquatorialer Typ: Yangambi
-> hohe NS übers ganze Jahr hindurch
-> 2 Maxima (Zenitstand), aber zeitlich verschoben
5. Trop. Wechselfeuchtes Klima: Timbuktu
-> ausgeprägte Regenzeit u. Trockenzeit
6. Trop. Wüste: Tamanrasset
-> übers ganze Jahr fast kein NS

<u>**NS- Verteilung auf der Erde**</u>

1) Kerntropen:

- Ganzjährig hohe NS oder 2 Regenzeiten mit dem Sonnenhöchststand
- Je näher man den WKen kommt, desto näher rücken die Regenzeiten zusammen, bis nur mehr eine ausgebildet wird

2) Randtropen:

- Durch die absteigende Luft nur wenig Regen

3) Subtropen:

- Westküsten: Winterregengebiete, im Sommer eher arid
- Ostküsten: Sommerregengebiete, oder ganzjährig humid

4) Mittlere Breiten:

- Sommerniederschläge
- Außer in Küstennähe (ganzjähriger Meereinfluss)

5) Polwärtige Mittelbreiten/ Polare Zone

- Ganzjährig geringer NS
- Humid im Frühjahr, weil die im Schnee gespeicherte Feuchtigkeit freigesetzt wird

Luftbewegungen

Luftdruck

- Luft übt Druck auf die Erdoberfläche aus

<u>Kalte und warme Luft:</u>

- Kalte Luft ist schwerer als warme Luft
  - sinkt auf dem Boden
  - drückt auf den Boden →hoher Luftdruck am Boden
- Warme Luft ist leichter als kalte Luft
  - steigt auf
  - geringerer Druck am Boden

=> Ausgleichströmungen = Wind

Strahlungsbilanz als Ausgang der Luftbewegung

- Durch Strahlungsüberschuss am Äquatorbereich & Tropen steigt die Luft auf (vertikale Luftbewegung) -> T am Boden, H in der Höhe
- Luftvolumen wird durch die Gradientkraft vom Äquator zum Pol bewegt C(i.d. Höhe)
- Polbereich -> durch Strahlungsdefizit sinkt die Luft ab -> T in der Höhe + H am Boden
- Luftvolumen wird durch die Gradientkraft von den Polen zum Äquator bewegt
- Nur bei Nicht-rotierender Erde!!!

Kleinräumige Luftbewegung

- Hier sind es i.d.R. therm. Druckunterschiede
- Die Windrichtung entspricht der Gradientkraft
- Gradientkraft (G): = Ausgleich vom Hochdruck zum Tiefdruck H->T

Globale Luftbewegung

- Druckunterschiede sind ausschlaggebend
- Ablenkungseffekt durch Erdrotation: Corioliskraft
- Corioliskraft
  - Wirkt immer im rechten Winkel zur Bewegungsrichtung
  - NHK: Rechtsablenkung (NHK = Nordhalbkugel)
  - SHK: Linksablenkung
  - Stärke der Ablenkung steigt mit geogr. Breite

Geostrophischer Wind

Vereinfachter Fall (in ca. 5 km Höhe -> reibungsfrei):

- Nur Gradientkraft (G) und Corioliskraft (C) wirksam
- Corioliskraft lenkt die Gradientkraft mit zunehmender geogr. Breite ab -> bis Gleichgewicht entsteht (G=C)
- => isobarenparallele Strömung = geostrophischer Wind
- Isobaren = Linien gleichen Luftdrucks
- Geostrophischer Wind:
  - = isobarenparalleler Wind
  - In höheren Schichten der Troposphäre
  - Ohne Reibungseinfluss

$$\circ \quad \text{Keine Änderung der Richtung u. Geschwindigkeit, weil G=C}$$

Wirkung der Erdrotation

- Passatwinde

In Bodennähe:

  - Die Luft sinkt ab und strömt zum Äquator zurück
  - Ablenkung des N-S gerichteten Luftströmung nach Westen = NO Wind = Passat

Zentrifugalkraft

Bei gekrümmten Isobaren (Hoch-& Tiefdruckgebieten):

- Hier die die Zentrifugalkraft (Z) zur Gradientenkraft (G) und Corioliskraft © wirksam
- Zentrifugalkraft = vom Rotationszentrum weggerichtete Kraft

Bei Umströmung eines Tiefs:

- Zentrifugalkraft wirkt gegen (-) Gradientkraft
- Somit ist der Gradientwind bei gekrümmten Isobaren schwächer als der geostrophische Wind

Bei Umströmung eines Hochs:

- Zentrifugalkrat wirkt mit (+) der Gradientkraft
- Somit ist der Gradientwind bei gekrümmten Isobaren stärker als der geostrophische Wind

Reibungskraft

in der unteren Atmosphäre:

- Reibungskraft wirkt entgegen der Bewegungsrichtung -> Reibungswind schwächer als geostrophischer Wind
- Der aus dem Gleichgewichtszustand (zw. G, C u. evtl. Z) resultierende Wind wird abgelenkt
- C<G (da C von V abhängig)
- Ablenkung -> Tief
- So kann es zum Druckausgleich kommen
- In Bodennähe ist die Ablenkung am größten
  - Reibung der Oberfläche
  - Breitenlage (da C polwärts zunimmt)
- Geotriptischer Wind = „Reibungswind"

Luftbewegungen/Wind wird beeinflusst von:

(Wind = Ausgleichsströmung infolge von Luftdruckunterschieden)

- Gradientkraft
- Corioliskraft
- Zentrifugalkraft
- Reibungskraft

Konvergenz & Divergenz

- Konvergenz
  - Massenzufuhr
  - Vgl. Hindernis -> Stau (Verlagerung -> Zusammenfließen von Luft)
  - Entstehung von Hochdruckgebiet
- Divergenz
  - Massenabfuhr
  - Vgl. nach dem Hindernis -> Stau (Geschwindigkeit nimmt zu -> Ausbreiten der Luft)
  - Entstehung von Tiefdruckgebiet

Drucksysteme

Entstehung

- Thermische Entstehung
    - Warme Luft ist leichter -> steigt auf -> Hitzetief unten, darüber Höhenhoch
    - Kalte Luft ist schwerer -> sinkt ab -> Kältehoch unten, Höhentief oben
- Dynamische Entstehung
    - Hier kommt es durch Massenzufuhr (Konvergenz) bzw. durch Massenabfuhr (Divergenz) zu Aufwärts- od. Abwärtsbewegungen
    - Ergeben sich aus der planetarischen Zirkulation

Strömungen in Druckgebilden:

- Aufgrund der Corioliskraft rotiert die zuströmende /abströmende Luft
- NHK: H: im Uhrzeigersinn, T: gegen den Uhrzeigersinn
- SHK: H: gegen Uhrzeigersinn, T: im Uhrzeigersinn

Vegetationsgeographie

Einführung

Vegetationsgeographie
- Beschäftigt sich mit der Pflanzendecke der Erde

Pflanzendecke hat eine wichtige Bedeutung
- Pflanzen sind Primärproduzenten
- Nahrungsgrundlage, Nährstoffspeicher…
- Weltweit ca. 350.000 Gefäßpflanzen nachgewiesen

Globale Biodiversität
- Global unterschiedlich verteilt
- Die höchste Diversität in Gebirgsräumen (Himalaya, Anden), auf Inseln (Indonesien) & Capensis

Systematik

- Einordnung in ein System verwandtschaftlicher Beziehungen
- Die wichtigste Rangstufe ist die Art
- SYSTEMATIK: Familie→Gattung→Art

Artendefinition nach Mayr:
- „Eine Art (spezies) ist definiert als Gruppe sich miteinander kreuzender natürlicher Populationen, die reproduktiv von andren solchen Gruppen isoliert ist".
- Miteinander kreuzbar
- Zeugung fertiler Nachkommen
- Müssen natürlicherweise miteinander vorkommen (Tigon)

Definition Flora:
- Die Flora ist die Summe aller Pflanzenarten eines Gebiets

Fortpflanzung

Unterscheidung in:
=> vegetative Fortpflanzung (ungeschlechtlich)
- Tochtergeneration unterscheidet sich genetisch NICHT von der Muttergeneration
- Fortpflanzung durch:
  - Teilung des Vegetationskörper, Ausläufer, Knollen, Zwiebel…
- Bsp. Brutblatt, Erdbeere

=> generative Fortpflanzung (geschlechtlich)
- Beruht auf geschlechtlicher Fortpflanzung -> es entsteht eine Tochtergeneration mit eigener Genkombination

- Samen (Samenpflanzen), Sporen (Mose, Algen, Flechten, Pilze)
- Bsp. Löwenzahn, Apfelbaum

Ausbreitungsmechanismen

- Nachkommen der Muttergeneration werden über diverse Mechanismen verbreitet um zu „safe sites" zu gelangen, wo sie keimen, überleben und sich etablieren können

Grenzen der Ausbreitung:
- Physikalische Schranken (Meer, Gebirgszüge, breiter Fluss...)
- Konkurrenz
- Begrenzung eines Verbreitungsvektors
- Ökologische Valenz einer Art (Flexibilität gegenüber einer Änderung der vorherrschenden Umweltfaktoren)
- Ökonomische Potenz der Art (wie gut sie sich durchsetzen kann)

Unterscheidungsmöglichkeiten:
- ❖ Distanz der Ausbreitung (Länge der Vektoren)
    - Nach oder Fernmechanismen
- ❖ Art der Ausbreitung (Art der Vektoren)
=> Autochorie (Selbstausbreiter)
    - Pflanze führt den Transport selbst durch (Ausläufer)
    - Samen bewegen sich selber (Grannen)
=> Allochorie (Fremdausbreiter)
    - Tiere führen den Transport durch -> Zoochorie
    - Der Wind verbreitet die Samen & Früchte -> Anemochorie
    - Das Wasser verbreitet die Samen & Früchte ->Hydrochorie
    - Werden weggeschleudert (Wind, Regen, Tiere) -> Ballochorie

Arealkunde

Areal vs. Habitat
- Areal:
    - das geographisch abgegrenzte Verbreitungsgebiet einer Art
    - Raum, den man in eine Karte einzeichnen kann)
    - klärt die Frage: wo wächst was?
- Habitat:
    - Habitat beschreibt den Lebensraum eines Organismus, also die Beschreibung der Kombination räumlicher Eigenschaften, die die Grundlage für das Auftreten einer Art bilden
    - Arten haben unterschiedl. Habitatsansprüche
    - klärt die Frage: warum wächst was?

Arealbildung

- Pflanzen breiten sich aus u. bilden über die Zeit ihr Areal aus
  - Potentielles Areal
    - Sind alle standörtlich geeignete Wuchsorte (wo Pflanze aufgrund der Standorteigenschaften wachsen könnte)
    - Wird aber nicht immer realisiert
  - Reales Areal
    - Temporär begrenzt durch klimatische, geomorphologische, biotische u. edaphische Faktoren
    - Ist das Areal wo die Art wirklich auftritt
  - Verbreitungsschranken
    - Unüberwindbare Hindernisse (Fluss, Gebirge, klimatisch,..)
  - Ansiedlungshindernisse
    - Bestimmte andere Standortansprüche (edaphisch,..) einer Art sind hier nicht erfüllt
    - Eine andere Art verdrängt diese
  - Zeit
    - Ausbreitungsgeschwindigkeit
    - Potentielles Areal – Verbreitungsschranken – Ansiedlungshindernisse - Zeit = reales Areal

Progressive – regressive Areale

- Areale verändern im Laufe der Zeit ihre Form

Progressive Areale

  - Sich ausdehnender Areale (bsp. Götterbaum)
  - Sind Arten die ihr potentielles Areal bei weitem noch nicht ausgefüllt haben und durch z.B. eine Änderung der Umweltbedingungen od. den Menschen jetzt expandieren können

=> regressive Areale

  - Rückschreitende Areale (Bsp. Ginko)
  - Als Folge von Umweltveränderungen u. dem menschlichen Eingriff

Arealgestalt

Geschlossenes Areal

- Lücken sind so klein, dass sie mit Hilfe der natürlichen Verbreitungsmechanismen leicht überwunden werden können

Disjunktes Areal

- Besteht aus mehreren Teilarealen, die nicht durch natürliche Verbreitungsmechanismen überwunden werden können
- Ursachen: regressiv (Zerschlagung), progressiv (Fernausbreitung-Vögel)

Reliktareal

- Sonderform des disjunkten Areals
- Räumlich sehr kleine Areal, die früher größer waren -> Relikte

Vikarianz

- Nahe verwandte Sippe in verschiedenen Regionen (Tanne in Europa, FAgus u. Nothofagus auf Nord-bzw. Südhalbkugel)

<u>**Sonderformen der Verbreitung**</u>

Endemiten:
- Eine Sippe kommt auschließlich in einem bestimmten geographischen Gebiet vor
- Von sehr kleinem Gebiet bis zu einem Kontinent

Kosmopoliten:
- Sind weltweit verbreitet, aber an bestimmte Habitate gebunden

Ubiguisten:
- Sind ebenfalls weit verbreitet u. besiedeln dabei eine Vielzahl unterschiedl. Habitate

<u>**3 Möglichkeiten Areale zu beschreiben**</u>

Dynamik in der Zeit
- Progressive Areale (ausdehnend)
- Regressive Areale (zurück scshreitend)

Dynamik in der Form:
- Geschlossene Areale
- Disjunkte Areale

Dynamik in der Größe/Ausdehnung:
- Endemismus
- Ubiquisten & Kosmopoliten

Florenreiche

- Höchste Rangstufe der Einteilungshierarchie von Arealen
- Holarktis (teil der Nordhalbkugel)
- Neotropis (Südamerika)
- Paleotropis (Afrika,südliche Asien)
- Capensis (Südafrika)
- Australis (Australien)
- Antarktis

Standortökologie

Einmischung von Organismen
- Verhalten der Pflanze ist durch ihre physiologischen Ansprüche bedingt
- & durch die gegebenen Einflüsse der Umgebung gesteuert
- Physiologische Nische
  - beschreibt den Raum, der durch Umweltfaktoren definiert wird
  - Beschreibung, welche Ansprüche eine Art hat (vgl. Habitat)
- Ökologische Nische
  - realisierte Lebensbereiche eines Organismus
  Physiologische Nische minus Konkurrenz, Fressfeinde